BEI GRIN MACHT SICH IHR WISSEN BEZAHLT

- Wir veröffentlichen Ihre Hausarbeit,
  Bachelor- und Masterarbeit

- Ihr eigenes eBook und Buch -
  weltweit in allen wichtigen Shops

- Verdienen Sie an jedem Verkauf

Jetzt bei www.GRIN.com hochladen
und kostenlos publizieren

Bibliografische Information der Deutschen Nationalbibliothek:

Die Deutsche Bibliothek verzeichnet diese Publikation in der Deutschen National-bibliografie; detaillierte bibliografische Daten sind im Internet über http://dnb.d-nb.de/ abrufbar.

Impressum:

Copyright © 2016 GRIN Verlag, Open Publishing GmbH
Druck und Bindung: Books on Demand GmbH, Norderstedt Germany
ISBN: 9783668341692

Dieses Buch bei GRIN:

http://www.grin.com/de/e-book/343377/elend-notleidende-siedlung-abgelegenes-vorwerk-oder-mittelalterliche

Bernd Hofmann

Elend. Notleidende Siedlung, abgelegenes Vorwerk oder mittelalterliche Raststation?

Zur Bedeutung der Orts- und Flurnamen mit „Elend" im Osterzgebirge

GRIN Verlag

Bernd Hofmann

Elend –notleidende Siedlung, abgelegenes Vorwerk oder mittelalterliche Raststation?

Zur Bedeutung der Orts- und Flurnamen mit „Elend" im Osterzgebirge

INHALT:

Bernd Hofmann

Elend –notleidende Siedlung, abgelegenes Vorwerk oder mittelalterliche Raststation?

Zur Bedeutung der Orts- und Flurnamen mit „Elend" im Osterzgebirge

1. Einführung

Seit Jahrtausenden wurden Europa, Teile Asiens und Afrikas von Händlern zu Fuß, mit Saumtieren, Maultier- oder Ochsenkarren und später mit Pferdefuhrwerken auf Verkehrswegen durchzogen, deren Trassen sich über Generationen oft nur wenig veränderten. Beispiele hiefür sind die Bernsteinstraßen von der Ost- und Nordsee zum Mittelmeer, die Seidenstraße zwischen Europa und China seit etwa 500 v. Chr. oder die Karawanenwege von der Mittelmeerküste nach Schwarzafrika seit der Pharaonenzeit /6/. Viele dieser Altstraßen führten tage-, ja wochenlang durch teilweise extrem schwieriges Gelände abseits jeglicher Zivilisation, wo die Reisenden oft auf sich allein gestellt waren. Auch in Mitteldeutschland gab es vermutlich bereits seit dem Neolithikum weitreichende Verkehrsbeziehungen nicht nur für den Salzhandel, wie z.B. die metallurgische Untersuchung der bronzezeitlichen „Himmelsscheibe von Nebra" in Sachsen-Anhalt gezeigt hat: das für deren Herstellung verwendete Kupfer wurde mit einiger Wahrscheinlichkeit in den Ostalpen geschürft, während das Gold aus Siebenbürgen, also vom Balkan stammen soll /10/. Wenn auch der Verlauf vieler Routen nicht genau bekannt ist, so kann davon ausgegangen werden, dass ein Teil des mitteleuropäischen Nord-Süd-Verkehrs auch über den bis ins 12./13. Jahrhundert weitgehend unbesiedelten „Miriquidi" oder „Dunkelwald", also das „Wildland" /2/ des Erzgebirges lief. Allerdings betrugen die fern der Zivilisation liegenden Strecken hier nicht mehr als 50-70km, die in maximal zwei bis drei Tagesabschnitten zu je 25-30km zu bewältigen waren (/20/ Anm. 72). Für die Zeit um 970 n. Chr. wird die Reiseroute eines gewissen Ibrahim Ibn Jacub, Gesandter des Kalifen von Cordoba, von Magdeburg oder Merseburg nach Prag beschrieben, der auf einer damals gängigen Erzgebirgsroute über Sayda und Most "gereist" sein soll /15,19/. Das Erzgebirge war also mit Sicherheit „zu keiner Zeit undurchdringlich", erforderte aber offenbar ein bis zwei „Zwischenübernachtungen" auf Rastplätzen im Wildland /12,16/.

2. Zur Bezeichnung mittelalterlicher Rastplätze in Sachsen und Böhmen

Zu allen Zeiten versuchten Reisende, in Ausspannen, „Karawansereien", Herbergen, Gasthöfen oder aber in der Nähe oder innerhalb von Siedlungen, Klöstern etc. zu übernachten. Vor dem 12./13. Jahrhundert gab es jedoch im Erzgebirge kaum solche Übernachtungsmöglichkeiten. Folglich musste man etwa im Abstand von 25-30km von zivilisierten Ausgangspunkten geeignete Stellen im „Wildland" als Rastplätze wählen. Bereits MEICHE /15/ und REUTER /18/ hatten die Bedeutung der „Nachtlagerfrage" für das frühe, in unserem Raum mindestens bis in die Slawenzeit zurückzuverfolgende Verkehrswesen behandelt und darauf hingewiesen, dass Flur- und/oder Ortsnamen wie Osseg, Újezd, Zehista oder Zuckmantel auf solche Plätze hindeuten.

Ausgangspunkte für Reisende im Osterzgebirge waren im Norden die alten Siedlungszentren um Riesa, Meißen, Dresden und Pirna, während im Süden besonders die böhmischen Orte bzw. Klöster um Chlumec/Usti n.L. (Kulm/Außig), Teplice (Teplitz), Most (Brüx) und Osek (Ossegg) in Betracht zu ziehen sind /2,16,20/. So soll in Teplice auf dem Areal des späteren Stadtschlosses bereits in der Mitte des 12. Jh. ein Benediktinerinnen-Kloster gegründet worden sein, das erst nach Zerstörung in den Hussitenkriegen im Jahre 1435 von den Nonnen verlassen wurde[1]. Nun finden sich zwar einige der alten Namen für mittelalterliche Verkehrsknotenpunkte bzw. Rastplätze in der Nähe der genannten Ausgangspunkte, z.B. Zehista und Zuckmantel bei Pirna sowie Újezdeček (Klein-Ujezd) und Pozorka (Zuckmantel) bei Teplice. Im Gebirge selbst gibt es jedoch, soweit dem Autor bekannt, keine Flurnamen mit solchen Bezeichnungen. Trotzdem muss es auch im „Wildland" des hochmittelalterlichen Erzgebirges Rastplätze gegeben haben, denn an einem Tage waren die Erzgebirgsrouten mit Ausnahme der Trasse Dohna-Chlumec (Kulm) nicht zu bewältigen.

3. Zur Deutung von Orts- und Flurnamen mit „Elend"

Einige Indizien weisen darauf hin, dass im mittelalterlichen deutschen Sprachraum Örtlichkeiten bzw. Flurnamen mit „Elend" auf Rastplätze außerhalb von Ansiedlungen, also im Wildland hindeuten. Ein Beispiel einer Wegstrecke mit zwei Klöstern und zwei dazwischen liegenden Herbergsplätzen über immerhin drei Tagesreisen von zusammen etwa 75km hat sich im westlichen Mitteldeutschland erhalten: Vom Kloster Ilsenburg ging ein Weg über den Harz zum südlich gelegenen Kloster Walkenried. Dieses konnte jedoch nicht in einem Tagesmarsch erreicht werden, da die Entfernung etwa 50km betrug. Eine Zwischenübernachtung musste im Oberharz, und zwar im Dorfe oder in der Nähe des heutigen Dorfes Elend (PLZ 38875) eingelegt werden. Elend im Harz lag und liegt etwa in der Mitte zwischen beiden Klöstern. Die Entfernung beträgt je etwa 25km. Die Mönche von Ilsenburg sollen ihre erste Raststation im Harz außerhalb eines Heimatgefühl vermittelnden Klosters, also in der Fremde oder auf fremden Gebiet im Freien, „eli-lenti" – anderes, fremdes Land genannt haben, aus dem sich der Ortsname (das) "Elend" entwickelte /9/. Von Walkenried ging die Reise weiter nach Süden. Nach weiteren etwa 25km wurde in Ermangelung eines Klosters die nächste Übernachtung im ursprünglichen Wildland fällig. Tatsächlich trifft man in dieser Entfernung auf den Ort Elende (PLZ 99759), heute bereits zu Thüringen gehörig /8/.

Obgleich die beschriebene Route über den Harz wegen der Rolle der Klöster an der Strecke klerikalen Reisenden auf den Leib geschrieben zu sein scheint, ist es aus zwei Gründen sehr wahrscheinlich, dass auch Händler, Fuhrleute und Fahrende unterschiedlichen Typs diesen Weg benutzten:

Zum Einen boten die meisten frühen Klöster nicht nur klerikalen, sondern sehr häufig auch weltlichen Reisenden sichere Unterkunft. Denn für klassische Klöster war die monastische Lebensform bestimmend. Sie ist durch geistliche Aktivitäten, körperliche Arbeit, geistiges und geistliches Studium sowie Gastfreundschaft gegenüber Reisenden gekennzeichnet /11/.

Zum anderen ist die Wurzel des Toponyms „Elend" althochdeutschen Ursprungs, wie die Aufstellung in **Tafel 1** zeigt. Orts- bzw. Flurnamen mit „Elend" entstammen also nicht der Kleriker- oder Gelehrtensprache Latein, sondern der allgemeinen

---

[1] Nach einem Hinweis von Dr. W. Ernst, Frauenstein sowie einer Internet-Mitteilung über „Naturführer Osterzgebirge", Hrsg.: Grüne Liga e.V. (http://www.osterzgebirge.org/gebiete/htm/26_12.html vom 07.05.2008)

Landessprache mit der aus **Tafel 1** ersichtlichen Bedeutung, nämlich im Sinne von fremdem, anderem, abgelegenem, d.h. außerhalb der gewohnten, sicheren, heimatlichen Umgebung liegendem Land. Dies klingt auch im sog. Innsbrucklied aus dem Spätmittelalter an:

"Y(nn)sbruck- ich muß dich lassen
ich far do hin mein strassen
in fremde landt do hin
mein freud ist mir genomen
die ich nit weiß bekummen
wo ich im elend bin..." [2]

Die beiden letzten Zeilen:

„*die* (Freude, die) *ich nit weiß* (kann) *bekummen*
*wo ich **im elend*** (in der Fremde) *bin"*

sind inhaltlich gewissermaßen die Wiederholung der vorhergehenden beiden Zeilen mit anderen Worten, verbunden mit einem Zeilentausch:

„***in*** (das) ***fremde landt*** *do hin* (fahre ich)
mein freud ist mir (dort) *genommen"*

Diese Versform ist in der Art von Refrain-Wiederholungen noch heute üblich. Sie ergibt im Innsbruck-Lied nur dann einen Sinn, wenn eben „*im elend*" für „*in der Fremde*" steht. Daher ist es sehr wahrscheinlich, dass heutige Orts- und Flurnamen mit „Elend" oder „das Elend" nicht auf eine notleidende Siedlung, sondern eher auf einen abgelegenen Rastplatz für mittelalterliche Reisende, insbesondere Fuhrleute, im Wildland, also in der Fremde hindeuten.

Damit sich Örtlichkeiten im Wildland als Rastplätze an Verkehrswegen eignen, müssen sie gewisse verkehrslogistische und geomorphologische Voraussetzungen erfüllen. Hierauf hat bereits REUTER /18/ für Rastplätze mit Namen „Zuckmantel" hingewiesen. Solche Voraussetzungen sind insbesondere:

a) Der Platz muss über eine hinreichende Frischwasserquelle in unmittelbarer Nähe verfügen.
b) Die Örtlichkeit sollte hinreichend eben sein und wenigstens die Größe von ca. 1ha, d.h. eines heutigen Fußballfeldes besitzen, um Schlafplätze für die Reisenden einrichten, Lagerfeuer betreiben sowie Saum-, Reit- und/oder Zugtiere weiden lassen und Karren oder Wagen abstellen zu können.
c) Der Rastplatz muss sich an oder in unmittelbarer Nähe eines mittelalterlichen Verkehrsweges mit überregionaler Bedeutung von deutlich mehr einer Tagesdistanz Länge, also von etwa 20-30km befunden haben[3].
d) Der Platz sollte eine windgeschützte und hochwasserfreie Lage aufweisen.

Im Osterzgebirge und im Elbsandsteingebirge sind dem Autor drei Orts- bzw. Flurnamen bekannt geworden, die das Wort „Elend" führen bzw. darauf zurückgehen. Im Folgenden wird untersucht, ob die Örtlichkeiten mit „Elend" *im Osterzgebirge* mittelalterliche Rastplätze von Fernreisenden gewesen sein könnten. Herkunft und Bedeutung des Namens Eiland/Ostrov, eine Siedlung auf tschechischem Gebiet an

---

[2] Vers aus dem sog. Innsbrucklied eines unbekannten Textdichters, um 1539; vgl.
[illegible – zwei übereinanderliegende Zeilen] ... nötig.

einem Quellbach der bei Königstein in die Elbe mündenden Biela, werden hier nicht betrachtet, obwohl dieser Ortsname ebenfalls auf das Toponym "*Elende*" zurückzugehen scheint [4].

Zeitstellung	Form	Bedeutung	Lit.
Althochdeutsch	*ali-lante, eli-lenti*	Das „andere Land"	/13/, /21/, /23/
Mittelhochdeutsch(?)	*ali-lanti, eli-lanti*	das „andere Land", das fremde Land, das Ausland, nicht heimatliches Land	/21/
Mittelhochdeutsch	*elelende, ellende, elend*	das fremde, andere, abgelegene, d.h. außerhalb der gewohnten, sicheren, heimatlichen Umgebung liegende Land	/13/, /23/, Anm. 1
Neuzeit	*Elend, Elende*	Volksetymologische Bildung, ursprüngliche Bedeutung verlorengegangen	

Tafel 1: Die Bedeutung von „Elend" nach Zeitstellung

4. Der heutige Ortsteil Elend von Dippoldiswalde

1529 wurde erstmals „*das forberg Elend*"[5] bei Dippoldiswalde[6] erwähnt. Da dieses Vorwerk im ausgehenden Mittelalter abseits der Dippoldiswalder Gemarkung, also "*ellende*" lag, wurde vermutet, dass der Name des Vorwerkes in dieser Lage seinen Ursprung hat[7]. Diese Deutung dürfte nicht zutreffen, da Vorwerke häufig weit außerhalb der Gemarkung der Stadt lagen, zu deren Besitz sie gehörten. Als Beispiele seien Vorwerke der Stadt Dresden[8] in Coschütz, Prohlis, Rosentitz und Serkowitz bereits in der ersten Hälfte des 14. Jh.[9] sowie das Vorwerk und das sog. Obervorwerk der Stadt Lengefeld/Erzgeb. angeführt. Das Auftreten einer Bezeichnung im Sinne von „ellende" ist diesem Zusammenhang nicht bekannt. Dies ist erklärlich, da eine entfernte Lage der Vorwerke durchaus üblich, ja oft die Regel gewesen sein dürfte und deshalb keiner besonderen sprachlichen Hervorhebung bedurfte. Weiterhin ist festzustellen, dass Elend auf 420-450m ü. NN im Bereich der „*milden und fruchtbaren Verwitterungsböden des Freiberger Grauen Gneises*" des unteren östlichen Erzgebirges liegt /23/. Seitens der Bodenausstattung waren also gute Voraussetzungen für eine wohlhabende und nicht für eine dem Elend (im heutigen Sinne) ausgesetzte, notleidende Siedlung gegeben. Die Bodenwertzahlen (Ackerzahlen) von Elend liegen wie die der in der Nähe liegenden Siedlungen Berreuth, Dippoldiswalde, Obercarsdorf und Ulberndorf bei 35. Selbst typische

---

[4] 1572 „*Ann dem Pihlbach Im Elende*" /22/

[5] http://hov.isgv.de/Elend

[6] Dippoldiswalde: Große Kreisstadt im Landkreis Sächsische Schweiz-Osterzgebirge, Bundesland Sachsen, 1218 erstmalig ein Priester (*sacardos de D.*) erwähnt; vgl. http://hov.isgv.de/Dippoldiswalde

[7] Werte unserer Heimat, Bd. 8, Berlin 1964, S. 46

[8] Dresden, Haupstadt des Bundeslandes Sachsen, erstmals erwähnt 1206; vgl. CDS II 1 (Urkunden des Hochstiftes Meißen, Band 1) No. 74. 1206. 31. März, S.70-72

[9] Werte unserer Heimat, Bd. 42, Berlin 1984, S. 55-58

Bauerndörfer wie die nahen Orte Reichstädt sowie Nieder- und Oberfrauendorf weisen mit Werten von 34 bzw. 28 schlechtere Böden auf[10].

Gemäß sächsischem Meilenblatt Nr. XX.1 von 1784 verlief ein bereits damals mehrfach unterbrochener offenbar alter Weg, der „Fürstenweg", in N-S-Richtung westlich an Reinholdshain vorbei nach Elend. Er traf nördlich des Weilers auf die heutige Straße von Dippoldiswalde und verlief vermutlich weiter durch die Ortslage Elend und westlich oberhalb von Oberfrauendorf nach Süden. Ab etwa 2km südlich von Elend ist er auf besagtem Meilenblatt noch über eine Strecke von ca. 2,8km zu verfolgen, ehe er in die Hochwaldstraße Richtung Altenberg übergeht. Wenige 100m östlich an Elend vorbei führte die frühneuzeitliche Poststraße Dresden-Reinholdshain-Oberfrauendorf-Altenberg. Auch diese wichtige Straße berührte also noch im 19.Jh. nicht die Stadt Dippoldiswalde!

Heute wird kaum bestritten, dass der Dresdener Elbübergang seit alters her offenbar ein wichtiger Verkehrsknoten war /3/. Von dort führte eine von der Natur begünstigte überregionale Verkehrstrasse zwischen dem Elbtal bei Dresden und dem böhmischen Becken um Teplice auf der Wasserscheide zwischen vereinigter und roter Weißeritz einerseits und der Müglitz andererseits über Elend nach Süden, wobei sogar das Quellgebiet des Lockwitzbaches oberhalb von Oberfrauendorf umgangen werden konnte. Über Verlauf und mögliche Zeitstellung dieser Route wurde vom Autor bereits an anderer Stelle berichtet /8/. Die Entfernungen vom Elbübergang Dresden nach Elend betrugen ca. 25km, von Elend nach den anzunehmenden Rastplätzen Zuckmantel oder Újezdeček (Klein-Ujezd) am Südfuß des Erzgebirges zwischen Dubí und Teplice ca. 30-35km, also jeweils etwa eine mittelalterliche Tagesreise. Ein Rastplatz bei Elend könnte also die Distanz auf der Route Dresden-Teplice günstig aufgeteilt haben. Wie sich gezeigt hat, sprechen weitere Indizien im Sinne der oben angeführten Kriterien a) bis d) für einen Rastplatz in der Ortslage Elend (vgl. **Karte 1** im Anhang): Die Quellmulde westlich der heutigen Landstraße, deren Verlauf sich in diesem Bereich praktisch mit dem der alten Fernstraße deckt, weist noch heute viele Brunnen auf. Eine etwa 400m nordwestlich besagter Quellmulde gelegene Hügelkuppe trägt noch heute den Flurnamen „Ochsenhübel" (429,2 mNN)[11]. Die Karren und Wagen von Kauf- bzw. Fuhrleuten waren im Hochmittelalter vermutlich hauptsächlich mit Ochsen bespannt, die wie mögliche Reit- oder Saumtiere am Rastplatz einer Weide bedurften /15,18/. Der Flurname, die Brunnen, der Ochsenhübel sowie die geschützte Lage um die Quellmulde von Elend und natürlich die Lage an der Altstraße selbst könnten durchaus Hinweise auf einen mittelalterlichen Rastplatz in Analogie zu den wahrscheinlichen Rastplätzen mit Namen Elend(e) im westlichen Mitteldeutschland sein (s.o.). Da vor der Mitte des 12. Jh. Dippoldiswalde noch nicht bestand, kann also auf Grund der Entfernungsverhältnisse und der genannten Indizien bei aller gebotenen Vorsicht für unsere Ortslage Elend die Hypothese aufgestellt werden, dass im hohen Mittelalter im Gebiet seiner Gemarkung ein Rastplatz für Fernreisende gelegen haben könnte, der damals im Wildland, also *"ellende"* bzw. *"im Elend"* lag.

Mit Beginn des Spätmittelalters, insbesondere mit dem Gründung von Städten wie Dresden, Freiberg, Dippoldiswalde um 1200 und den damit mit Sicherheit verbundenen Änderungen von Straßennutzungsgewohnheiten, also der

---

[10] Nach Informationen der Sächsischen Landesanstalt für Landwirtschaft, Abteilung Agrarökonomie und Ländlicher Raum Leipzig, vom 29.10.2007.
[11] Auf dem sächsischen Meilenblatt (1784 Nr. XX.1) ca. 400m west-nordwestlich davon eingezeichnet.

„Verkehrsspannung"[12], hat die Verkehrstrasse über Elend nach Böhmen als überregionale Verkehrsader offenbar stark an Bedeutung verloren. Hierfür mag es mehrere Gründe gegeben haben: die verhältnismäßig lange Tagesetappe Elend-Zuckmantel, die dabei notwendige Überquerung des Osterzgebirges auf etwa 800m ü. NN, die Erzfunde im Gebirge und ihre Ausbeutung sowie die Entstehung neuer Dörfer und Ortschaften. Möglicherweise hat auch ein raueres Klima zur Abkehr von dieser Trasse beigetragen. Ungeachtet dessen diente die Trasse bis in die Neuzeit zumindest dem regionalen Verkehr. Hierauf weisen mehrere verkehrsbezogene Relikte um Elend hin: Ein sagenumwobenes Steinkreuz (/13/, Nr.60), wohl aus vorreformatorischer Zeit, direkt am Rande des Straßengrabens der „Hohen Straße" zwischen Elend und Oberfrauendorf (**Bild 1**), zwei Wegsäulen aus der Zeit um 1840 zwischen Elend und Oberfrauendorf sowie in Oberfrauendorf am Abzweig der „Kleinen Straße" von der „Hohen Straße" nach Altenberg (**Bilder 2 und 3**) sowie eine Wegsäule von 1840 an der „Kleinen Straße" unterhalb des Gleisenberges südlich von Luchau. Erst im 20. Jh. hat der Verkehrskorridor Dresden-Teplice in Form der Bundesstraße B170 bzw. der Europastraße E55 Helsingborg (Schweden) - Kalamata (Griechenland) wieder überregionale, bis zur Inbetriebnahme der Bundesautobahn A17 Dresden-Prag sogar internationale Bedeutung besessen.

Bild 1: Vorreformatorisches Steinkreuz an der Straße zwischen Elend und Oberfrauendorf

---

[12] Aurig, R.: Gebirgsüberschreitende mittelalterliche und neuzeitliche Verkehrsverbindungen im Bereich der Flüsse Elbe und Neiße und ihre Stellung bei der Ausformung der Kulturlandschaft. In: Sachsen - Böhmen - Schlesien. Forschungsbeiträge zu einer sensiblen Grenzregion / Hrsg. v. Manfred Jahn. Dresden 1994, 6-25.

5. Der „Elendsteig" bei Bärenstein

Noch heute führt ein Wanderweg zwischen Dittersdorf/Kleinbörnchen und dem Müglitztal gegenüber dem Haltepunkt Bärenstein[13] der Bundesbahn den auffälligen Namen „Elendsteig". Er zweigt in Kleinbörnchen von dem vermutlich sehr alten, auf der Wasserscheide zwischen Müglitztal und Trebnitzgrund nach Lauenstein und weiter ins böhmische Becken zielenden „Böhmischen Steig", der heutigen Staatsstraße K9035, nach SW ab (**Karte 2** im Anhang). Auf den ersten ca. 400m verlief er etwa auf der Gemeindegrenze zwischen Dittersdorf und Börnchen/Kleinbörnchen. Dann überschritt er einen flachen Höhenrücken, wo er nach etwa 600m bei ca. 572 m ü. NN seine größte Höhe erreichte (**Bild 11**). In diesem Gebiet ist der Elendsteig durch landwirtschaftliche Einflüsse derzeit nicht mehr eindeutig auszumachen. Nach Passieren der Höhe 572m ü. NN bildet der im Süden ins Blickfeld kommende Geisingberg eine richtungweisende Landmarke (**Bild 4**). Danach fällt der Steig mit max. etwa 28% Gefälle (Messung des Verfassers ca. 100m oberhalb der Müglitz) nahezu stetig auf einer von der Natur vorgezeichneten Geländerampe etwa 150 Höhenmeter zur Müglitz ab, die bei ca. 420 m ü. NN erreicht wird (**Bild 6, Karte 2**).

Bild 2: Wegsäule aus der Zeit um 1840 an der Straße zwischen Elend und Oberfrauendorf

Auf den Feldfluren von Börnchen folgte der Elendsteig, außer auf einem kurzen Abschnitt bei Kleinbörnchen, nicht den Hufengrenzen. Dies deutet darauf hin, dass der Steig älter ist als die Rodungsflächen von Börnchen, das erstmals 1324 genannt wurde /14/. Wie ein Blick in ältere Landkarten zeigt, ist der Elendsteig über Jahrhunderte bis zur Einführung der Großfelderwirtschaft und der Abkehr vom

---

[13] Bärenstein im Osterzgebirge liegt etwa 40 km südlich von Dresden im oberen Müglitztal

Pferdefuhrwerk als Haupttransportmittel in der 2. Hälfte des 20. Jh. nie untergepflügt, also stets durchgehend als Verkehrsweg „geachtet" worden, obgleich die Querung der Felder aus Sicht der Feldbearbeitung stören musste.

Anzumerken ist, dass auch einige Sagen des Osterzgebirges auf den „Elendsteig" hinweisen: *„Das spukende Hammermüllermädchen am Elendsteig bei Bärenstein"*, *„Das Laternenmännchen auf der Börnchener Höhe"* sowie *„Das graue Gespenst am Elendsteige"*[14]. Ohne die Sagen inhaltlich bewerten zu wollen, deutet deren relative Häufung in der Gegend um den Elendsteig auf eine gewisse Bedeutung und auf längst vergessene Besonderheiten des Steiges bereits im Mittelalter hin. Die Hammermühle der Sage ist allerdings nicht am Elendsteig, sondern wegen des für deren Betrieb nötigen Aufschlagwassers eher an der Müglitz zu vermuten. Tatsächlich findet sich bei Öder/Zimmermann für die Zeit gegen Ende des 16. Jh. zwischen Biela und Schilfbach in der Nähe des heutigen Weilers Bärenklau der Eintrag *„Jungkern hammer mül 2g."*[15]. Gegenüber der Hammermühle ist rechts der Müglitz eine schwer lesbare Buchstabenfolge mit *„...steig"* eingetragen. Ob dies als „Elendsteig" interpretierbar ist, erscheint derzeit gewagt, zumal die in Frage kommende „Trasse B" des Elendsteiges (s.u.) bereits ca. 600m flussaufwärts die Müglitz erreichte und wohl auch überschritt. Dies zeigten Geländeuntersuchungen, auf deren Ergebnisse im Folgenden näher eingegangen wird.

Bild 3: Restaurierte Wegsäule in Oberfrauendorf am Abzweig der „Kleinen Straße" über Johnsbach von der „Hohen Straße" nach Altenberg

---

[14] Nach KLENGEL /13/, Nr. 3, 58, 286.
[15] 2g = 2 Gänge

6. Der Elendsteig - eine Altstraße mit Rastplatz „ellende" im Wildland?

Da besagte Geländerampe auf mehreren 100m müglitzauf- und -abwärts die einzige Möglichkeit bietet, ohne Kunstbauten zur Überwindung von Wasserläufen, Felsbarrieren etc. von der Höhenstraße bei Kleinbörnchen mit mäßigem Gefälle das Müglitztal zu erreichen, ist zu vermuten, dass der Elendsteig eine alte Verkehrstrasse markiert, die gegenüber der Einmündung des Bärensteiner Dorfbaches den Fluss Müglitz überschritt. Obgleich der Elendsteig, der durchweg auf festem Untergrund verläuft, heute als relativ breiter, kaum eingetiefter Landwirtschafts- und Forstweg ausgebaut ist (**Bilder 4 bis 6**), wird diese Vermutung durch weitere Indizien gestützt, die im folgenden dargelegt werden.

Das Hohlwegsystem am Müglitzhang im Bereich des Elendsteiges

Auf den Rodungsflächen von Börnchen finden sich im Verlauf des Elendsteiges keine Hinweise auf eine Altstraße in Gestalt von auswertbaren Hohlwegabschnitten. Wie eine Begehung im März 2008 zeigte, ist die Situation am bewaldeten Müglitzhang günstiger. Wie **Karte 3** (im Anhang) zeigt, haben sich dort im heutigen lichten Hochwald etwa zwischen 425 und 460m über NN eine Anzahl Hohlwegabschnitte erhalten. Diese können zwei Verkehrstrassen, hier mit „Trasse A" und „Trasse B" bezeichnet, zugeordnet werden.

Altstraße Elendsteig – Trasse A

Etwa 50-200m oberhalb der Stelle, wo der heutige Wanderweg "Elendsteig" etwa gegenüber dem heutigen Haltepunkt Bärenstein der Deutschen Bahn scheinbar auf die Müglitz trifft (**Karte 2**), finden sich rechts und links des Weges insgesamt drei schwach ausgeprägte Muldenwohlweg-Abschnitte HW1, HW2 und HW3 (**Karte 3**). Alle drei Hohlformen lassen vermuten, dass die im folgenden als „Trasse A" bezeichnete Variante der Altstraße „Elendsteig" die Müglitz hier im Unterschied zum scharf flussaufwärts abbiegenden Wanderweg vermutlich auf einer Furt überschritt. Heute fällt das Gelände zwar mit einer ca. 2m hohen, über mehrere 100m zu verfolgenden Geländestufe nahezu senkrecht zur unmittelbaren Flussaue ab. Diese Stufe ist aber erst in den vergangenen Jahrhunderten durch Eintiefung des Flussbettes infolge von Hochwasser und/oder Flussregulierungen entstanden, stellte also in weit zurück liegender Vergangenheit kein Verkehrshindernis dar.

Altstraße/Profile Trasse A	Breite (m)	Tiefe (m)	Neigung (%)	Verfolgbare Länge ca. (m); Bemerkungen
HW 2	2,0	≤0,8	≤30	≈ 100; Trasse Richtung Bärenstein
HW1, HW3	-	-	-	≈ 50; Varianten zu HW2, schwach ausgeprägt, nicht auswertbar

Tafel 2:
Abmessungen der Hohlwegabschnitte der Trasse A des Altstraßenkorridors
„Elendsteig"

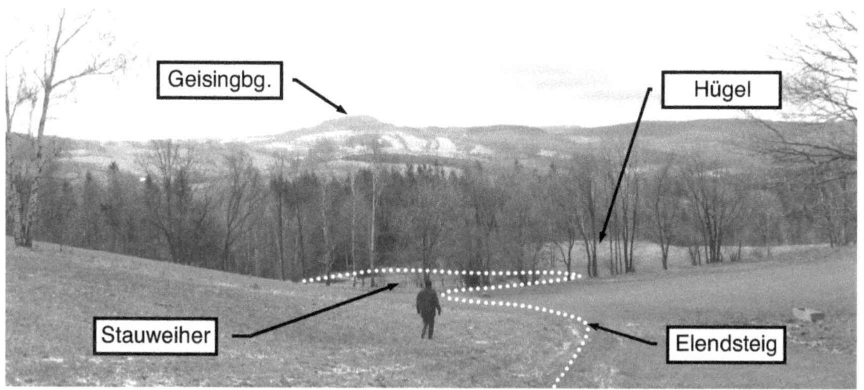

Bild 4: Abstieg des Elendsteiges von Kleinbörnchen zum Müglitztal unterhalb der Höhe 572m ü. NN mit Geisingberg als Landmarke

Die äußeren Hohlwegabschnitte HW1 und HW3 sind nur noch schwach ausgeprägt und nicht auswertbar. Der mittlere, nur einige Meter westlich des heutigen Forst- bzw. Wanderweges verlaufende Hohlwegabschnitt HW2 ist auf einer hinreichenden Länge von ca. 100m erhalten und bezüglich Breite B, Tiefe T und Neigung N gut auszuwerten. Die im Gelände erfassten charakteristischen Hohlwegmaße sind aus **Tafel 2** ersichtlich. Die Bestimmung der Maße B, T, N und der Spurweite S der einstmals im Hohlweg verkehrenden Fahrzeuge (Ochsenkarren, Pferdefuhrwerke) erfolgte nach einem vom Verfasser entwickelten Muldenhohlweg-Modell, das eine Näherungsformel $S \approx B - 73\ cm$ zur Berechnung der Spurweite einschließt /8/. Hierbei wird S von Mitte zu Mitte des Radreifens angenommen. Der Hohlwegabschnitt HW2 zeigt danach bei einer Neigung von bis zu 30% und einer Tiefe bis zu etwa 0,8m eine Breite von etwa 2,0m. Für die Spurweite S ergibt sich unter Anwendung obiger Formel in Näherung ein theoretischer Wert von S=127cm. Dieser Wert weicht von der Spurweite der vom Verfasser für andere Trassen im Osterzgebirge sowie im Dresdner Raum ermittelten Werte 107cm und 137cm ab. Berücksichtigt man Meß- und Auswertefehler, die etwa ± 10% betragen, so kann die tatsächliche Spurweite im Bereich S=(114-140)cm gelegen haben. Damit wird für die Trasse B des Elendsteiges hypothetisch eine für weite Teile Mitteleuropas in der römischen Antike sowie im Mittelalter übliche Spurweite von 137 cm für möglich gehalten, ohne Spurweiten um 120cm ausschließen zu können /4,5,8,17/. Die „Trasse A" des Elendsteiges hat zwischen „Böhmischem Steig" und Müglitz eine Länge von ca. 1,8km (**Bild 11**).

Altstraße Elendsteig – Trasse B

Wandert man auf dem Elendsteig am Müglitzhang im Walde abwärts, kommen rechter Hand Hohlformen ins Blickfeld. Diese gehören zu einer zweiten „Trasse B" der Altstraße, die auf ca. 460m ü. NN nach Westen abzweigt (**Karte 3**). Diese Hohlformen bilden ein Hohlenbündel mit fünf etwa parallel verlaufenden Hohlwegabschnitten HW1 bis HW5. Während die Abschnitte HW1, HW2 und HW3 nur gering ausgeprägt und nicht ausgewertet werden können, sind die Abschnitte HW2 und HW4 auf einer Länge von ca. 250-300m ausgesprochen gut erhalten (**Bilder 7 und 8** sowie **Tafel 3)**. Sie weisen bei einer Neigung N im Gelände von nicht mehr als ca. 22% eine Tiefe bis etwa 1,7m auf. Ihre Breite beträgt ca. (2,0-2,2)m. Der längste Hohlwegabschnitt HW4 wurde an 2 Stellen im Abstand von ca. 200m voneinander, und zwar auf etwa 450mNN und 430mNN vermessen. Nun kann man davon ausgehen, dass Muldenhohlwege in Hanglagen im Laufe der Zeit durch Erosion eher breiter als schmaler geworden sein können /8/. Deshalb wird die Berechnungsbreite für HW2 und HW4 zu B=2,0m angenommen. Die daraus resultierende Spurweite S der Fahrzeuge ergibt sich mit obiger Näherungsformel und der gleichen Fehlerabschätzung wie bei „Trasse A" zu S = (114-140) cm.

Bild 5: Heutiger Stauweiher am Elendsteig auf ca. 490m ü. NN: Gelände eines Rastplatzes „Elend" an mittelalterlichem Verkehrsweg?

Bild 6: Die „Trasse A" des Elendsteiges erreicht als moderner Forstweg die Müglitz auf ca. 420 m ü. NN

Die „Trasse B" scheint also mit Fahrzeugen gleicher oder zumindest ähnlicher Spurweite wie „Trasse A" befahren worden zu sein. Da „Trasse B" die größere Zahl von Hohlwegabschnitten aufweist, die Trassenneigung N geringer, die Hohlwegtiefe

T jedoch größer als die entsprechenden Werte von „Trasse A" sind, kann für „Trasse B" eine längere und/oder intensivere Nutzungsdauer als gesichert gelten.

Im unteren Teil des Müglitzhanges flacher werdend, enden die Hohlwegabschnitte der „Trasse B" auf etwa 425m ü. NN wenige Meter oberhalb des nahe der Talaue entlang führenden frühneuzeitlichen Forst- bzw. Wanderweges. Bei gedachter Fortsetzung in der alten, westlichen Richtung führte die Altstraße mit großer Wahrscheinlichkeit entlang eines aus dem Müglitzhang herauswachsenden, zur Müglitz zielenden Felsriegels auf den Fluss zu (**Karte 3**).

Die „Trasse B" des Elendsteiges, die zwischen „Böhmischem Steig" und Müglitz eine Länge von ca. 2,1km hat (**Bild 11**), überschritt den Fluss folglich auf einer Furt etwa gegenüber dem „Hiekenbusch", also etwas oberhalb der gegenüber liegenden Talaue des dort einmündenden Bielabaches. Der künstliche Durchbruch am genannten Felsriegel (**Bild 10**) ist demnach *nicht* die Fortsetzung der vielen Hohlwege der Trasse B, sondern des erwähnten frühneuzeitlichen Weges, der südöstlich vor dem Felsriegel die alten Hohlen gekreuzt und überformt hat und auf den müglitz-abwärts liegenden Weiler Bärenklau zielt.

Ergänzend sei vermerkt, dass der Müglitzhang im Bereich der „Trasse B" reich an frühneuzeitlichen Forst- bzw. Wanderwegen ist, die etwa parallel dazu verlaufen, aber selbst auf modernen Karten nicht alle zu finden sind. So gibt es zwischen HW4 und dem Talweg einen weiteren Weg, der sich mit einer Breite von ca. 3,0m deutlich als neuzeitlicher Forstweg ausweist (**Tafel 3**). Auch oberhalb von „Trasse B" sind weitere Forst- bzw. Wanderwege vorhanden, die mehr oder weniger direkt Richtung Bärenklau zielen.

Der mögliche Rastplatz

Aus dem Höhenprofil des Elendsteiges (**Bild 11**) geht hervor, dass dieser auf ca. 495m ü. NN über eine Strecke von ca. 100m ein nahezu ebenes Geländestück passiert. Wenige Meter östlich hiervon befindet sich heute ein kleiner künstlicher Stauweiher (**Bilder 4 und 5**). Dieser markiert eine Quellmulde, deren Abfluss den Elendsteig in Richtung Müglitztal östlich begleitet. Diese Stelle wies für mittelalterliche Reisende und Fuhrleute eine günstige Ausstattung als Rastplatz im Wildland, also „*ellende*" auf: Nahezu ebenes Gelände sowie frisches Quellwasser direkt neben dem Steig, ausreichende Weideflächen für Saum-, Reit- bzw. Zugtiere in der unmittelbarer Nähe sowie ein flacher, trockener Hügel als Rastplatz westlich neben dem Steig (**Bild 4**). Von diesem Hügel hat man einen phantastischen Ausblick in west-südwestliche Richtung auf das Gelände links der Müglitz und der Biela. Über dieses Gelände könnte eine mögliche Fortsetzung des Elendsteiges jenseits des Müglitztales verlaufen sein, was allerdings weiteren Forschungen vorbehalten bleiben muss.

7. Der Flurname „das Elend"

Auf dem sächsischen Meilenblatt von 1784 haftet nicht am Gebiet des Stauweihers, also in unmittelbarer Nachbarschaft des Elendsteiges, sondern an einem Forstort etwa an der Grenze zwischen den heutigen Forstrevieren 10 und 11 der Flurname „das Elend". Diese Stelle befindet sich ungefähr 300m südöstlich des heutigen Stauweihers und damit in merklicher Entfernung vom Elendsteig (**Karte 2**). Das heute teilweise mit Hochwald bestockte Gelände liegt in relativ steiler Lage auf dem Müglitzhang und ist als Rastplatz für mittelalterliche Reisende kaum geeignet gewesen. Deshalb ist zu vermuten, dass der Name „das Elend" im Meilenblatt ca. 300m nach Südosten an eine falsche Stelle „gewandert" ist, weil der ursprüngliche

Bezug auf einen frühen Rastplatz direkt am Elendsteig Jahrhunderte nach Besiedelung des Erzgebirges offenbar bereits verloren gegangen war. Leider sind solche Fehler im Meilenblatt aus vergleichbaren Gründen auch an anderer Stelle anzutreffen /7/. Der Flurname „das Elend" bei Börnchen könnte also auf einen mittelalterlichen Rastplatz an einem Verkehrsweg hindeuten.

Bild 7: Hohlwegabschnitt HW 4 der Trasse B
des Elendsteiges auf ca. 450m ü. NN (Blick hangab nach W)

Altstraße/Profile Trasse B	Breite (m)	Tiefe (m)	Neigung (%)	Verfolgbare Länge ca. (m); Bemerkungen
HW 2 - ca. 430mNN	≈2,0	≤1,1	≈15	≈250; weniger steile Trasse zu einem Müglitzübergang gegenüber der Bielamündung
HW 4 - ca. 430mNN	2,0-2,1	≤1,7	≈15	≈300; weniger steile Trasse zu einem Müglitzübergang gegenüber der Bielamündung
HW 4 - ca. 445mNN	2,0-2,2	≤1,6	≤22	≈300; weniger steile Trasse zu einem Müglitzübergang gegenüber der Bielamündung
HW1, HW3, HW5	-	-	-	≈100-150; Paralleltrassen zu HW2 und HW4, deutlich schwächer ausgeprägt; nicht vermessen
Neuzeitlicher Forstweg - ca. 425mNN	≈3,0	≤0,8	≈20	verläuft zwischen HW4 und modernem Forst- und Wanderweg, in Karte 3 nicht eingetragen

Tafel 3:
Abmessungen der Hohlwegabschnitte der Trasse B des Altstraßenkorridors „Elendsteig"

Bild 8: Parallele Hohlwegabschnitte HW2 und HW 4 der Trasse B
des Elendsteiges auf ca. 430m ü. NN (Blick hangauf nach O)

An dieser Stelle ist darauf hinzuweisen, dass östlich des Elendsteiges ca. 300m südöstlich des heutigen Stauweihers auch ein Dorf mit Namen Elend vermutet wird (siehe **Karte 2**), das in den Hussitenkriegen, im 30-jährigen oder im 7-jährigen Krieg untergegangen sein soll /13,14/. Selbst wenn etwa Teile der umliegenden Forstreviere früher landwirtschaftlich genutzt wurden, verfügte ein Dorf am Elendsteig nicht über eine ausreichende Feldflur, da die Hufenstreifen des bereits 1324 erwähnten Börnchen noch heute westlich bis über den Elendsteig hinausreichen. Auch ist eine Siedlung an der betreffenden Stelle östlich des Elendsteiges weder bei M. ÖDER (ca. 1590) noch im sächsischen Meilenblatt von 1784[16] eingetragen. Also dürfte eine etwaige Siedlung dort um 1590 noch nicht, um 1784 jedoch nicht mehr existiert haben. Dies wird durch Eintragungen im Bärensteiner Erbzinsregister der Jahre 1644 und 1701 bestätigt, die auf eine kleine, zumindest teilweise wüste Häusler-Siedlung schließen lassen. Dort heißt es u.a.: *„...uffn. Elendt: Der Jehnichns Haus wüste"* (1644) bzw. *„... unterem Elend oder Eylengrund"* mit 10 namentlich genannten Häuslern (1701)[17]. Über die Art der Erwerbstätigkeit der Häusler ist nichts bekannt (Gartennahrungen?).

8. Versuch einer funktionellen und zeitlichen Einordnung des Verkehrskorridors „Elendsteig" zwischen Börnchen und Bärenstein

Der mittelalterliche Verkehr über das Osterzgebirge verlief vorwiegend auf einigen von der Natur vorgezeichneten, auf den Wasserscheiden zwischen Flusstälern verlaufende Trassen, also vorzugsweise in Nord-Süd-Richtung /1,8,16,20/. Diese Trassen hatten mit an Sicherheit grenzender Wahrscheinlichkeit überregionale Bedeutung. Wie vom Verfasser an anderer Stelle nachgewiesen wurde, verkehrten auf den Trassen des Verkehrskorridors Dresden-Teplice auf der Wasserscheide zwischen Müglitz und Roter Weißeritz offenbar Fahrzeuge mit einer Spurweite von ca. 107 und 140 cm /8/. Erstere lassen sich hypothetisch in die Zeit vor der einsetzenden Aufsiedelung des Osterzgebirges, also etwa vor 1200 datieren. Dabei handelte es sich vermutlich um einachsige Esels- oder Ochsenkarren. Für die

---

[16] Dort findet sich lediglich der Flurname *"das Elend",* siehe Karte 2
[17] nach Angaben von H. Richter, Ortschronist von Bärenstein, im Jahre 2008

Spurweite 140cm kommt dagegen eine Nutzung mit zweiachsigen Pferdefuhrwerken in Betracht, die nach etwa 1200 einsetzte /8,19/. Die beiden Trassen A und B des Verkehrskorridors „Elendsteig" verlaufen nicht auf einer Wasserscheide, sondern querten offenbar die wegen ihrer häufigen Hochwässer in alter Zeit an sich verkehrsfeindliche Müglitz an unterschiedlichen Stellen, jeweils gegenüber furtbildenden Bacheinmündungen. Zwar hatte bereits AURIG /1/ auf eine Querverbindung im *unteren* Osterzgebirge (Freiberg-Dippoldiswalde-Pirna) hingewiesen, dagegen sind so intensiv benutzte alte Querverbindungen im *oberen* Osterzgebirge wie der „Elendsteig" bisher kaum bekannt.

Bild 9: Gelände „das Elend" im Forstrevier 11: Lesesteinhaufen

Bild 10: Frühneuzeitlicher Durchbruch am "Felsriegel" mit Resten von Spurrillen

Offen muss derzeit die Frage bleiben, wo Ausgangspunkt(e) und Ziel(e) des Verkehrskorridors „Elendsteig" zu lokalisieren sind. Denkbar ist zunächst eine Verbindung des „Böhmischen Steiges" von Kleinbörnchen zur Trasse „Kleine Straße", die Teil der Fernverbindung Dresden - Elend (bei Dippoldiswalde) – Johnsbach – Bärenstein – Altenberg - Teplice war /7,8/. Somit könnte die Trasse A des Elendsteiges auf das Gebiet um Bärenstein und weiter Richtung Altenberg gezielt, die Trasse B dagegen über das Gebiet links der Biela (s.o.) den Anschluss an die „Kleine Straße" in westlicher Richtung gesucht haben. Die Tatsache, dass auf dem Elendsteig die Spurweite 107cm derzeit nicht nachweisbar ist, lässt dagegen vermuten, dass zumindest die Trasse B dieses Verkehrskorridors erst nach der Aufsiedelung des Osterzgebirges größere Bedeutung erhielt, dann aber intensiv benutzt wurde. Eine wirtschaftliche Verbindung mit der *„hammer mül"* des 16. Jh. beim heutigen Bärenklau (s.o.) ist deshalb sehr wahrscheinlich. Erze, Holzkohle und Fertigprodukte könnten von und nach dem Hammerwerk über den Elendsteig transportiert worden sein. Die nähere Umgebung von Börnchen zählte im 15./16. Jh. zu den Orten mit den ältesten erwähnten Bergbauaktivitäten im Osterzgebirge[18]. In dieser Zeit waren auch einige km südwestlich der *„hammer mül"* im Gebiet der heutigen Hegelshöhe (663m ü. NN) Bergwerke auf Zinn und Kupfer in Betrieb. Auf der Karte von ÖDER/ZIMMERMANN heißt es: *„Heinrich von Bernsteins holtz / hat Kupfer geng* (Gänge) *und Zwitter* (Zinnstein, Zinnoxyd) *gebeud* (ausgebeutet?) *drinne".* Die Ausbeutung der Erze setzt das Vorhandensein von Transportwegen voraus. Das Auffinden von Verkehrstrassen am linken Müglitzufer etwa zwischen dem Schlossfelsen von Bärenstein und der Schilfbachmündung unterhalb von Bärenklau muss jedoch künftigen Forschungen vorbehalten bleiben.

9. Zusammenfassung

Im Beitrag wird die Bedeutung der beiden Dorf- bzw. Flurnamen mit „Elend" im Osterzgebirge analysiert. Örtlichkeiten mit dem Namen „Elend" oder „das Elend" sind danach nicht auf eine notleidende Siedlung oder ein abgelegenes Vorwerk zurückzuführen, sondern auf die althochdeutsche Wurzel *eli-lenti* mit der Bedeutung „abgelegenes, fremdes Land". Diese Bedeutung trifft am ehesten auf mittelalterliche Rastplätze im sog. Wildland, also abseits von Siedlungen oder Klöstern zu. Es wird gezeigt, dass Rastplätze im Wildland jedoch gewisse verkehrslogistische und geomorphologische Bedingungen erfüllen müssen, die sie als solche geeignet erscheinen lassen. Dies sind insbesondere ein hinreichend ebenes, trockenes, hochwasserfreies, ausreichend großes und einigermaßen windgeschütztes Gelände als Rastplatz etwa in Form einer Quellmulde, das Vorhandensein von Frischwasser, die Lage an einer überregionalen Verkehrstrasse, eine Entfernung von 25-30km von Siedlungen oder Klöstern sowie das Vorhandensein von Weidemöglichkeiten für Reit-, Saum- und/oder Zugtiere. Geländeuntersuchungen ergaben, dass diese Bedingungen im hohen Mittelalter sowohl vom heutigen Dippoldiswalder Ortsteil Elend als auch von einer Örtlichkeit am sog. Elendsteig zwischen Börnchen und Bärenstein erfüllt wurden. Im Korridor dieses Elendsteiges wurden zwei unterschiedliche, durch Hohlwegabschnitte gekennzeichnete mittelalterliche Verkehrstrassen nachgewiesen. Durch Auswertung der Hohlwegprofile und an Hand der näherungsweise bestimmten Spurweiten der einstmals in den Hohlwegen verkehrenden Fahrzeuge wurde versucht, die beiden Trassen des Verkehrskorridors „Elendsteig" funktionell und zeitlich einzuordnen.

Bildnachweis:
- **Fotos** (Bilder 1 bis 10), **Graphiken** (Bilder 4, 5, 8, 11), **Tabellen** (Tafeln 1 bis 3) sowie **Kartenzeichnungen** (Karten 1 bis 3): Bernd Hofmann

---

[18] Auskunft des Sächsischen Oberbergamtes/Referat Altbergbau in Freiberg v. 09.04.2008.

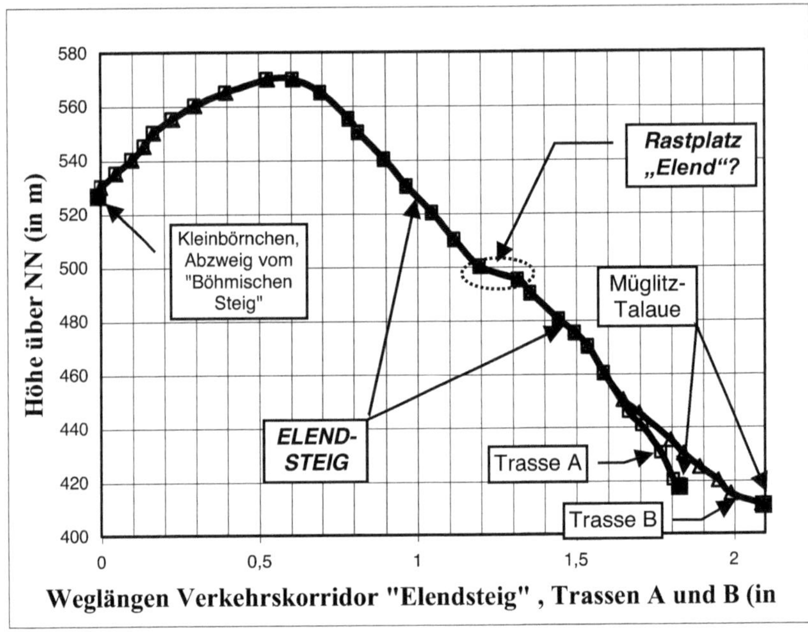

Bild 11: Höhenprofil der Trassen A und B des Verkehrskorridors „Elendsteig" zwischen Kleinbörnchen und der Müglitz-Talaue

10. Literatur

/1/ Aurig R.: Mittelalterlich-frühneuzeitliche Verkehrswege im Osterzgebirge, in der Sächsischen Schweiz und in angrenzenden Gebieten. Sonderdruck aus: Burg-Straße-Siedlung-Herrschaft / Studien zum Mittelalter in Sachsen und Mitteldeutschland / Festschrift für Gerhard Billig zum 80. Geburtstag, herausgegeben von Rainer Aurig, Reinhard Butz, Ingolf Gräßler und André Thieme, S. 269-291. Sax-Verlag, Beucha 2007. ISBN 978-3-86729-012-8

/2/ Billig G.: Die Burgwardorganisation im obersächsisch-meißnischen Raum. VEB Verlag der Wissenschaften, Berlin 1989. ISBN 3-326-00489-3

/3/ Blaschke Kh.: Die Stellung der Kirche im Ort - Beobachtungen aus Sachsen zur geschichtlichen Landeskunde der hochmittelalterlichen deutschen Ostbewegung. In: Aurig R., Butz R., Gräßler I. und Thieme A. (Hrsg.): Im Dienste der historischen Landeskunde – Festgabe für Gerhard Billig zum 75. Geburtstag, dargebracht von Schülern und Kollegen. Sax-Verlag Beucha, 1. Aufl. 2002. ISBN 3-934544-30-4, S. 179-194

/4/ Brunner G.O.: Karrengeleise: ausgefahren oder handgemacht, antik oder neuzeitlich? Bündner Monatsblatt 4 - 1999 (Seite 243 - 263) / gekürzte Fassung: helvetia archaeologica 117 (Seite 31 - 41)

/5/ Denecke D.: Methodische Untersuchungen zur historisch-geographischen Wegeforschung im Raum zwischen Solling und Harz. Göttinger Geographische Abhandlungen, H. 54. Verlag Erich Goltze KG, Göttingen 1969.

/6/ George U.: Der Stein des Tutanchamun. In.: GEO-das neue Bild der Erde, Nr. 10 (Okt. 2000), S. 18-46

/7/ Hofmann B.: Über spätmittelalterliche Verkehrswege zwischen Bielatal-Reichstein und Lampertsbach. Mitteil.-Heft 2 des Arbeitskreises Sächsische Schweiz im Landesverein Sächsischer Heimatschutz e.V., Pirna 2005; S. 75-85

/8/ Hofmann, B.: Altstraßen von Dresden ins böhmische Becken-Über Untersuchungen zu Altstraßen von Dresden nach dem böhmischen Becken bei Teplice zwischen Roter Weißeritz und Müglitz. In: Sächs. Heimatblätter, 54. Jg. (2008) H. 1, S. 15-30. Verlag Klaus Gumnior, Chemnitz.

/9/   Historie der Harzgemeinde Elend. http: // www.elend-harz.de/historie-elend-harz.htm, 08.04.2008

/10/ http: // de.wikipedia.org /wiki / Himmelsscheibe von Nebra, 25.09.2007

/11/ http: // de.wikipedia.org/wiki/Kloster, 13.04.2008

/12/ Kirsche, A.: Generationen der Fernwege über das Erzgebirge. In: Sächsische Heimatblätter, Band 53 (2007), Heft 4, Seite 311-321

/13/ Klengel A. (Hrsg.): Sagenbuch des östlichen Erzgebirges. Altis-Verlag GmbH, Oranienburg, 2. Auflage 2006. ISBN 3-910195-31-8

/14/ Maul Chr.: Osterzgebirge. Reihe Städte und Landschaften, Heft 26. VEB F.A. Brockhaus-Verlag, Leipzig 1968

/15/ Meiche A.: Der alte Straßenknotenpunkt Zuckmantel sowie die zugehörigen Namen Zehista, Oederan, Osseg, Uhyst und Zschackental. Mitt. LVSHS Bd. XXVI (1937) H. 1-4, S. 42-62.

/16/ Pleinerová I.: Zu Fragen der Beziehungen zwischen dem sächsischen Elbgebiet und dem böhmischen Erzgebirgsvorland während der Aunjetitzer Kultur. In: Arbeits- und Forschungsberichte zur sächsischen Bodendenkmalpflege (AFD)16/17, 1967, S.59-63

/17/ Ranft M.: Hohlwege im Wilsdruffer Land. Mitt. LVSHS 1999, H.2, S.13-16

/18/ Reuter C.: „Zuckmantel" nochmals betrachtet. Sächs. Heimatblätter Jgg. 1963, H.2, S. 164-173

/19/ Ruttkowski M.: Altstraßen im Erzgebirge. Archäologische Denkmalinventarisation Böhmischer Steige. Arbeits- und Forschungsberichte zur sächsischen Bodendenkmalpflege, Jgg. 44 (2002) S. 264-298

/20/ Simon K., Hauswald K.: Der Kulmer Steig vor dem Mittelalter - Zu den ältesten sächsisch-böhmischen Verkehrswegen über das Osterzgebirge. Arb.-u. Forsch.-Berichte zur sächs. Bodendenkmalpflege, Bd. 37(1995), S.9-98

/21/ Stöger P.: Eingegrenzt und ausgegrenzt. Tirol und das Fremde. Zum historischen Umgang mit dem Anderen am Beispiel von Weltanschauungen und Religionen. Anlässlich der Fachtagung vom 6.-8. Nov. 2003 im Innsbrucker Landhaus: "So genannte Sekten, Kulte und Religionsgemeinschaften in Tirol". http://www.kult-co-tirol.at/text/anal_f01_08.htm

/22/ Torke H.: Grenzzeichen und Grenzwege an der sächsisch-böhmischen Grenze im Bereich der Sächsischen Schweiz. In: Mitteilungsheft 6 des Arbeitskreises Sächsische Schweiz im Landesverein Sächsischer Heimatschutz e.V., Pirna 2008, S. 88

/23/ Werte unserer Heimat, Bd. 8: Zwischen Müglitz und Weißeritz. Akademie-Verlag, Berlin 1964, S. 46, Suchpkt. A6

Dresden, den 13.11.2016

11. Anhang: Karten 1 bis 3

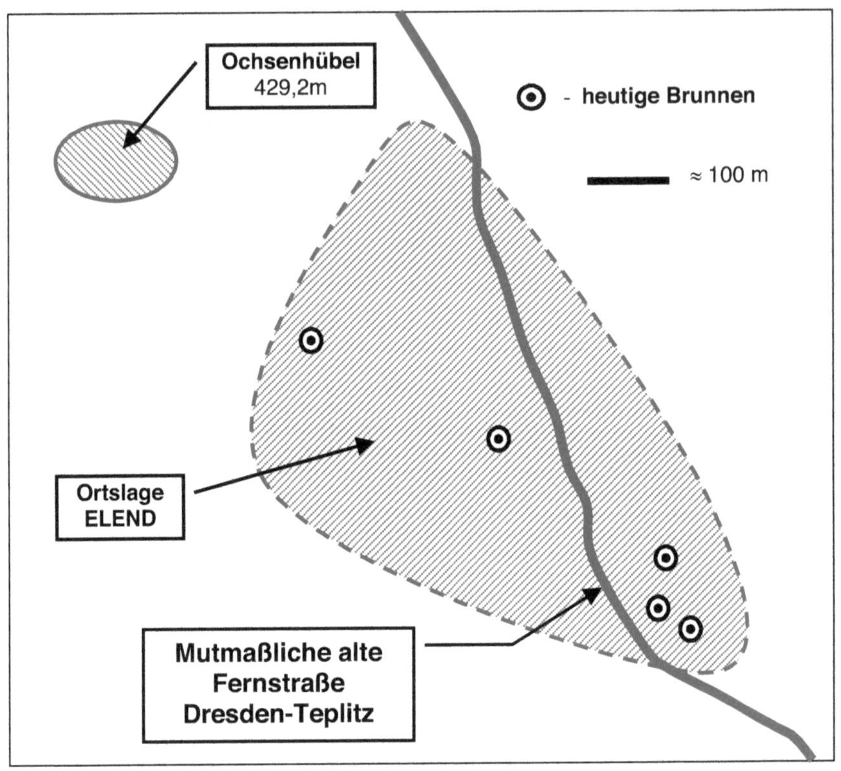

Karte 1:
Zur Lage des Weilers Elend bei Dippoldiswalde (schematisch)

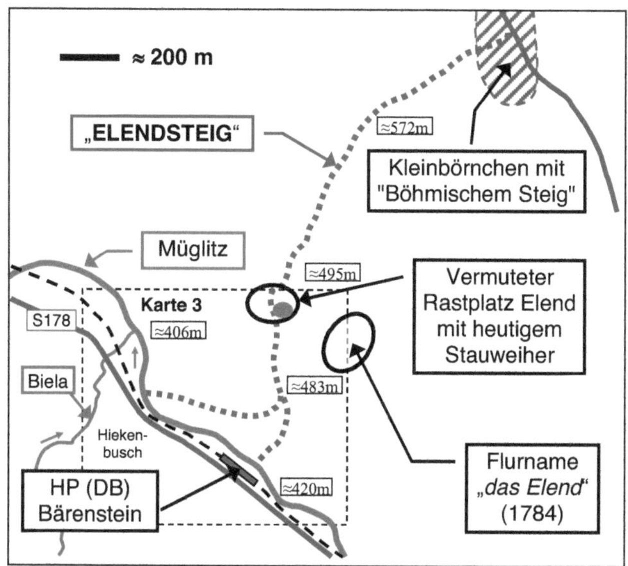

Karte 2:
Verlauf des „Elendsteiges" zwischen Kleinbörnchen und dem Müglitztal
mit Lage eines vermuteten mittelalterlichen Rastplatzes (schematisch)

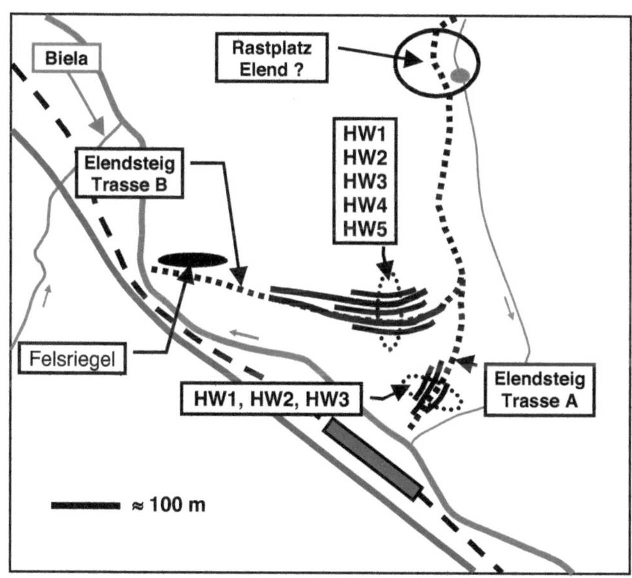

Karte 3:
Hohlwegsystem des „Elendsteiges" am rechten Müglitzhang (schematisch)